TRAITÉ

THÉORIQUE ET PRATIQUE

DES

MOTEURS HYDRAULIQUES

COMPRENANT PRINCIPALEMENT :

LES NOTIONS PRÉLIMINAIRES SUR L'HYDRAULIQUE, LES CALCULS ET LES TABLES SUR LES DÉPENSES D'EAU,
LES APPLICATIONS AUX ROUES A AUBES PLANES ET A AUBES COURBES, AUX ROUES A AUGETS RECEVANT L'EAU SUR LE SOMMET ET SUR LE CÔTÉ,
ET AUX TURBINES OU ROUES HORIZONTALES DE DIVERS SYSTÈMES.

PAR **ARMENGAUD** AÎNÉ

INGÉNIEUR, ANCIEN PROFESSEUR AU CONSERVATOIRE IMPÉRIAL DES ARTS ET MÉTIERS, CHEVALIER DE LA LÉGION D'HONNEUR

DE MEMBRE DE PLUSIEURS SOCIÉTÉS SCIENTIFIQUES

ATLAS

PARIS

A. MOREL, LIBRAIRE-ÉDITEUR

13, RUE BONAPARTE

1868

TABLE DES PLANCHES

DES MOTEURS HYDRAULIQUES

Imprimerie générale de Ch. Lahure, rue de Fleurus, 9, à Paris.

Fig. 2. Courbe des débits. Temps et vitesse. (Page 6.)

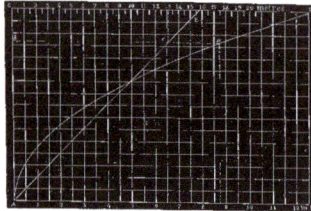

Fig. 3. (Page 3.)　　　Fig. 4. (Page 7.)

Fig. 4. (Page 35.)　　　Fig. 5. (Page 14.)

Fig. 6. (Page 15.)

   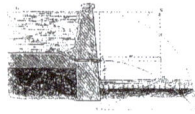

Fig. 7. (Page 14.)

  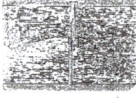 

Fig. 17. (Page 75.)　　Fig. 10. (Page 85.)　　Fig. 11. (Page 25.) Plan.　　Fig. 15. (Page 36.) Jaugeurs déversoirs et flotteurs. Fig. 16.

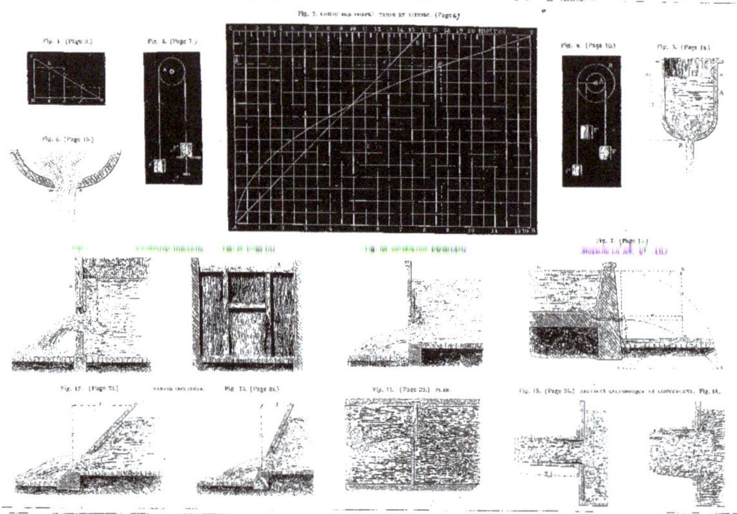

Imprimerie générale de Ch. Lahure, rue de Fleurus, 9, à Paris.　　　　　　Armengaud aîné.

Fig. 1. (Page 35.) ÉVALUATION DES DÉPENSES D'EAU PAR DIVERSES ÉCHELLES. Fig. 3. (Page 35.)

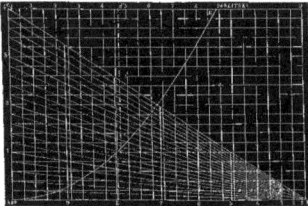
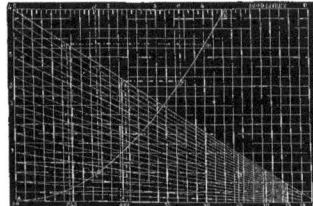

Fig. 2. (Page 58.) RÉGLAGE DU DÉVERSOIR. Fig. 5. Fig. 10. (Page 46.) DÉVERSOIR INCOMPLET. Fig. 8. (Page 45.) DÉVERSOIR COMPLET. Fig. 4. (Page 65.) MODÈLE DE JAUGE.

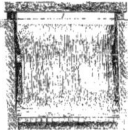

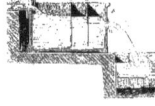

Fig. 6. (Page 39.) DÉVERSOIR EN DÉVERSOIR. Fig. 9. Fig. 7. DÉVERSOIR NOYÉ. (Page 50.) Fig. 9. DÉVERSOIR À COURONNE. (Page 46.) Fig. 11. DÉTAILS PAR UN CANAL. (Page 52.)

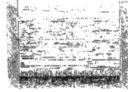

Fig. 3. (Page 9b.)

TYPE DU ROUE EN MOUVEMENT.

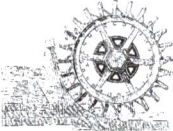

Fig. 1. ÉLÉVATION DES OUVRAGES EN MAÇONNERIE. (Page 11.)

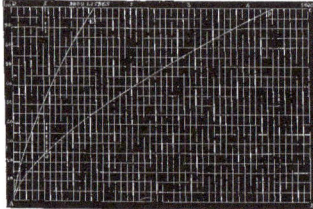

Fig. 3. (Page 115.)

ROUE A AUGET DESSINÉE PAR M. MOLINEAU.

Fig. 4. (Page 96 et 102.)

VANNES DE DÉCHARGE.

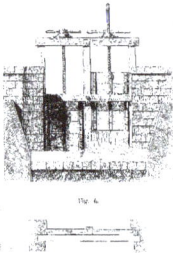

Fig. 4.

Fig. 2. VITESSE PUISSANCE, PRINCIPALES ET CAPACITÉS DES ROUES A AUBES. (Page 99.)

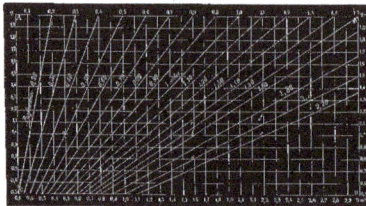

Fig. 7. (Page 90.)   Fig. 8.

MÉCANISMES DE VANNAGE.

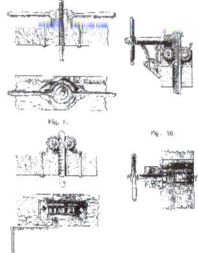

Fig. 9.   Fig. 10.

Coupe verticale
suivant les lignes 1-2
du Plan.

Fig. 1

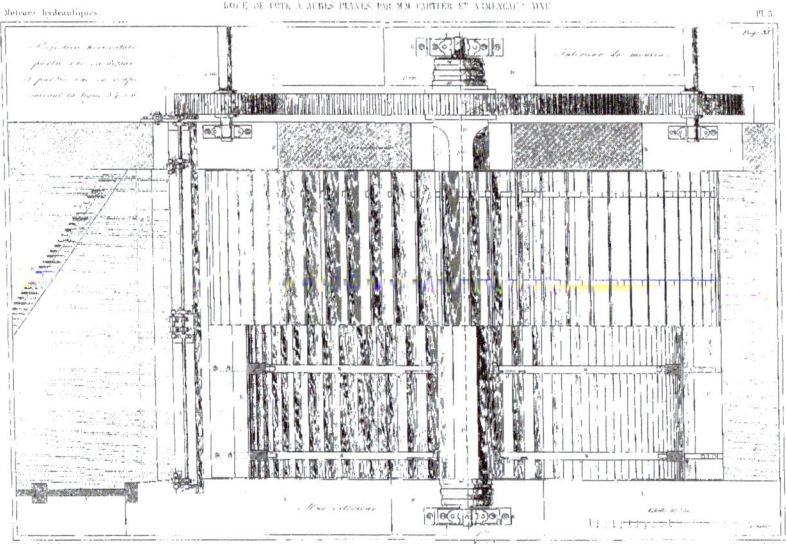

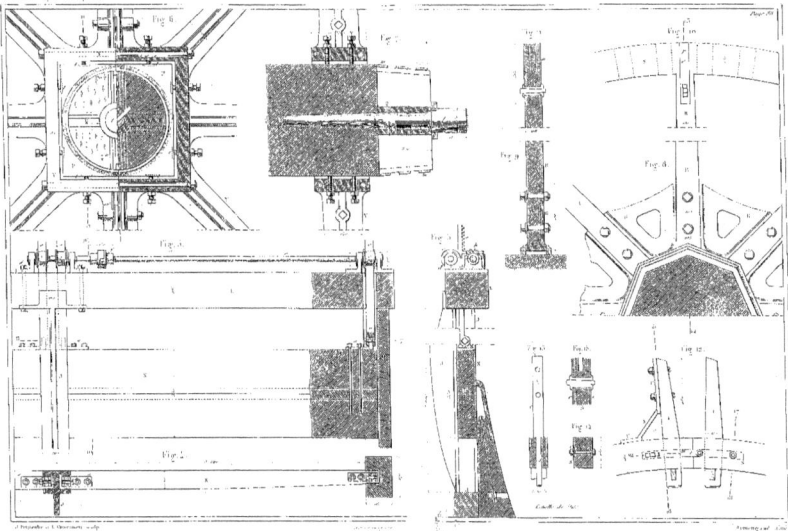

Fig. 6.

Fig. 7.

Fig. 9.

Fig. 10.

Fig. 8.

Fig. 3.

Fig. 5.

Fig. 2.

Fig. 1.

Fig. 11.   Fig. 12.

Fig. 13.

Pl. 7.

Fig. 1.

ROUE DE DÉVERSOIR À AXE VERTICAL.

Fig. 2. (Page 116.)

Fig. 3. (Page 121.)

ROUE À DOUBLE PUIS ET À CIRCULATION D'AIR.

Fig. 5.

ROUE DE COTÉ À ÉTALAGE.

Fig. 3. (Page 116.)

Fig. 4.

ROUE À AUBES.

Fig. 4. (Page 125.)

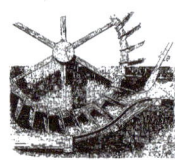

Coupe verticale perpendiculaire à l'axe.

Vue de face de la roue et profil coupé.

Vue de côté de la roue et coupe du coursier.

Coupe verticale perpendiculaire à l'axe.

Imprimerie générale de Ch. Lahure, rue de Fleurus, 9, à Paris.

Armengaud aîné.

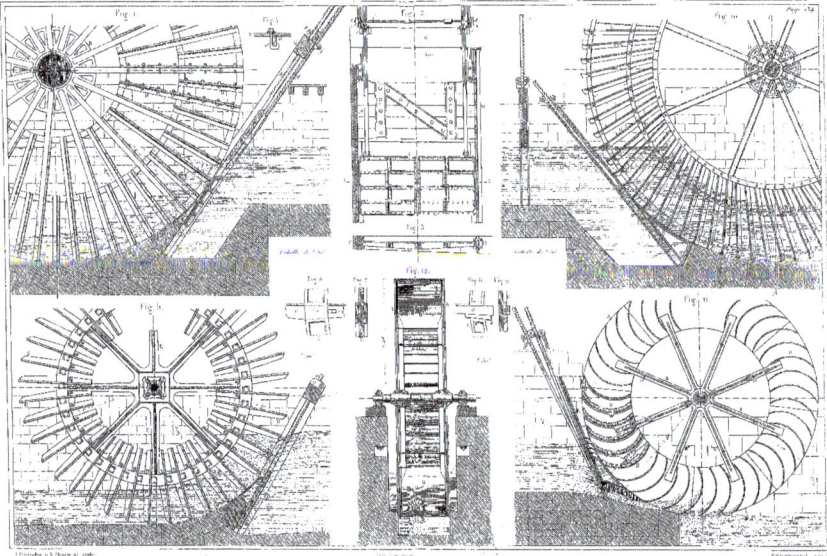

Fig. 1.   Fig. 5.   Fig. 7.   Fig. 10.   Page 158.

Fig. 12.

Fig. 8.   Fig. 9.   Fig. 11.   Fig. 6.

Fig. 4.

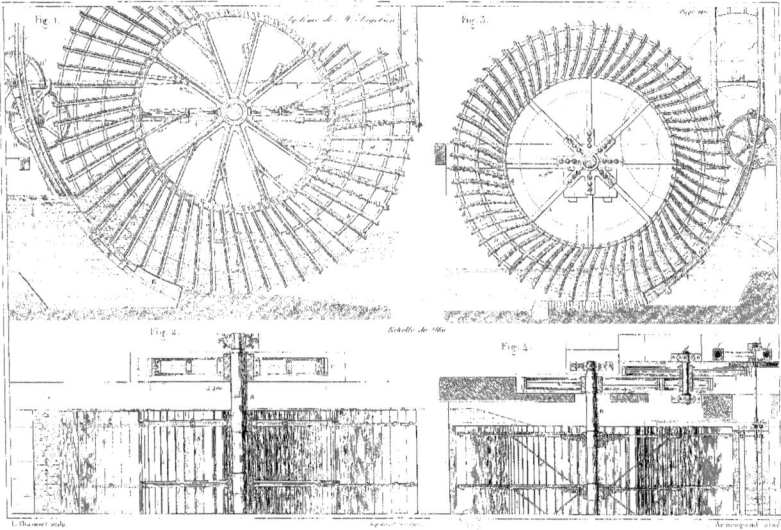

Fig. 1.

Fig. 3.

Fig. 2.

Fig. 4.

DIVERS SYSTÈMES DE ROUES A AUBES PLANES, OBLIQUES ET COURBES

Moteurs hydrauliques. Pl. 11.

Fig. 1. (Page 165.)

ROUE A AUGETS EN DESSUS

Fig. 2.　　　　(Page 166.)　　　　Fig. 3.

TRACÉS DES AUGETS DANS LES ROUES EN DESSUS.

Fig. 4 et 5. ROUES ISODYNAMES. (Page 168.)

Fig. 6. (Page 167.)

ROUE A AUGETS DE COTÉ.

Fig. 7.　　　(Page 168.)　　　Fig. 8.

TRACÉS DES AUGETS DANS LES ROUES DE COTÉ.

Imprimerie générale de Ch. Lahure, rue de Fleurus, 9, à Paris.

Armengaud ainé.

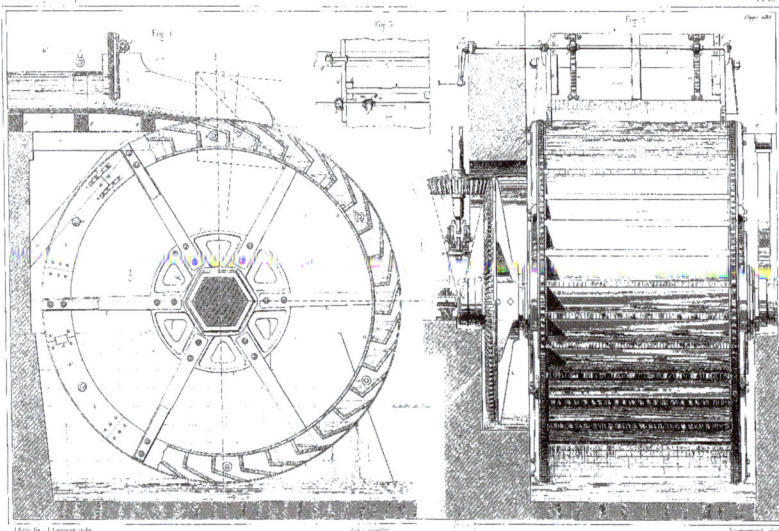

Fig. 1.　　　　Fig. 2.　　　　Fig. 3.

Fig. 1   Fig. 2   Fig. 5

Fig. 6

Fig. 3

Fig. 4

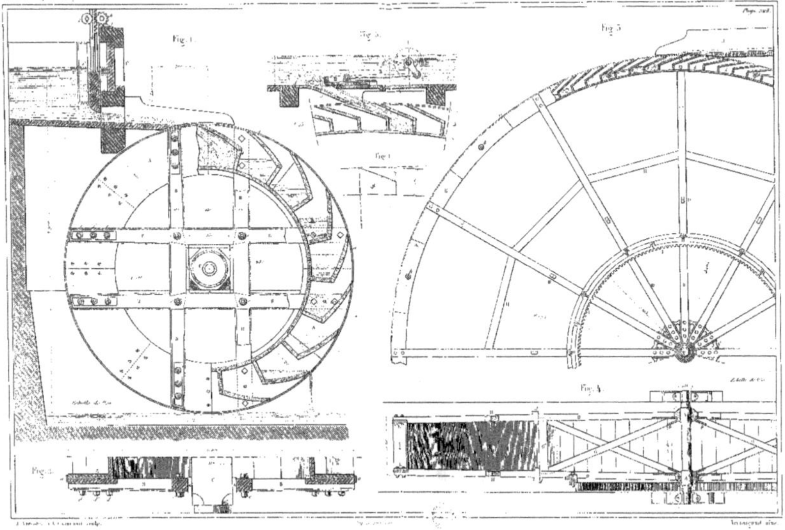

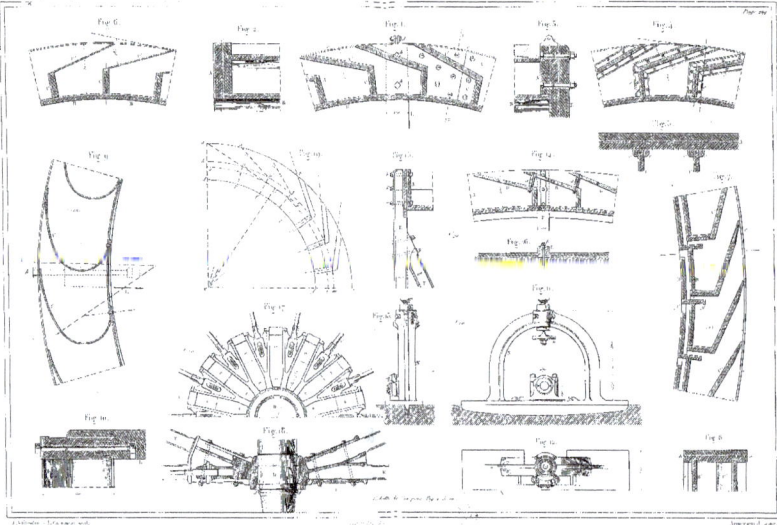

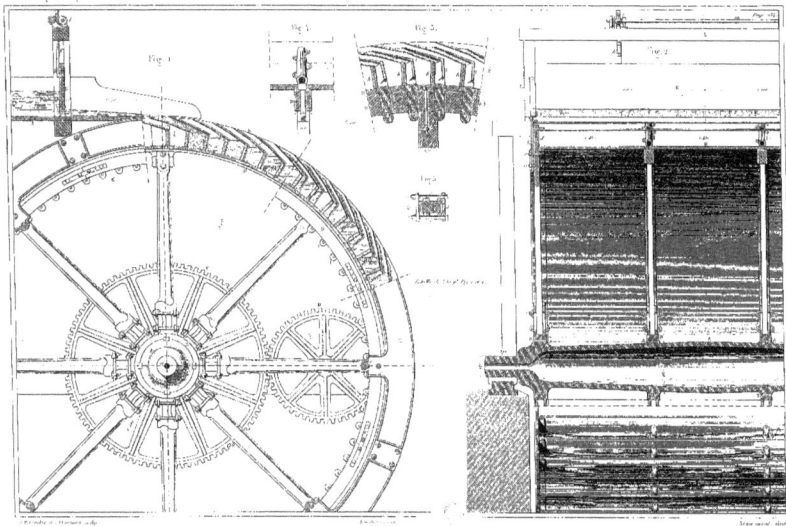

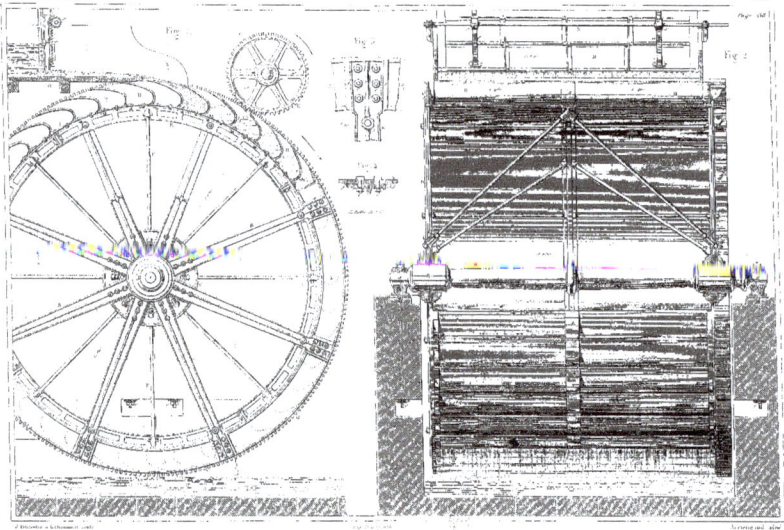

Fig. 1

Fig. 2

Fig. 3

Fig. 4

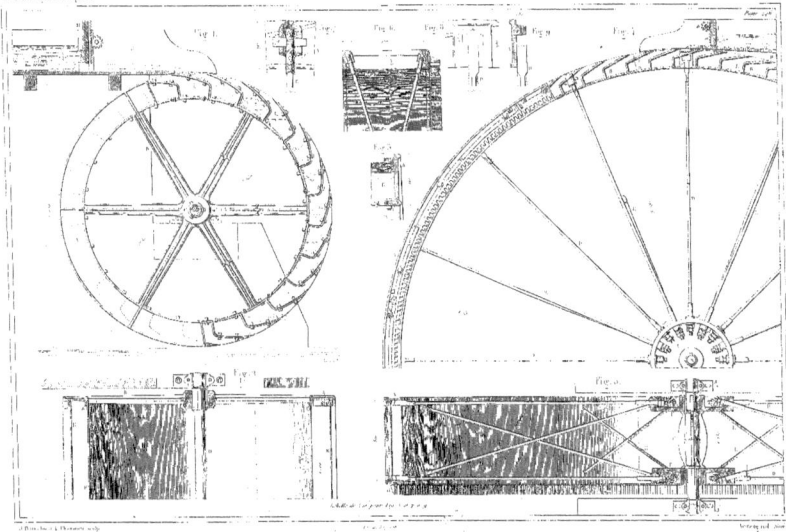

Pl. 13

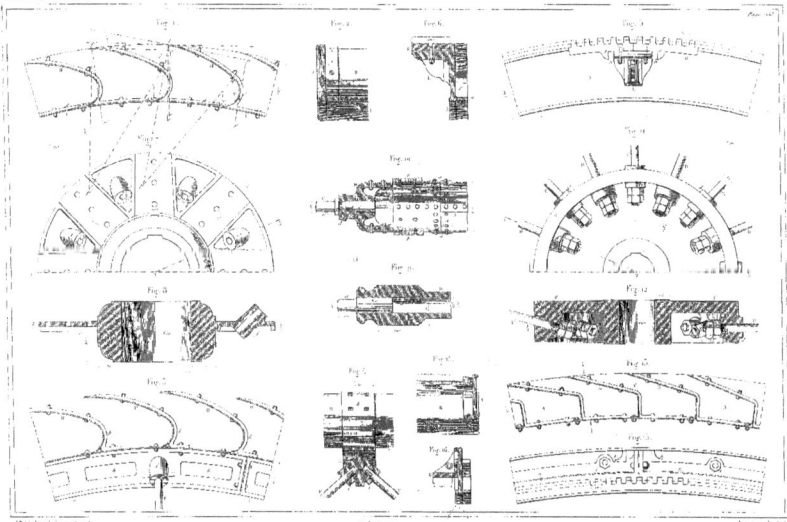

Fig. 1. ROUE A CUILLERE. (Page 209.)

Fig. 3. ROUE DE MANON-AU-BOURGT. (Page 214.)

Fig. 5. (Page 224.)

Fig. 2. ROUE A CÔNE.

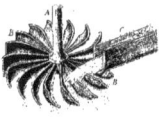

Fig. 4. (Page 213.)

TURBINAGE HYDRAULIQUE.

Fig. 8. TURBINE D'EULER.

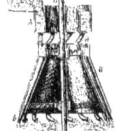

Fig. 6. ROUE DE DANAIDE. (Page 262.)

Fig. 5. PLAN. (Page 208.)

Fig. 9. TURBINE INFÉRIEURE DE BURGIN.

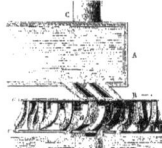

Fig. 14. ROUE DE BORDA. (Page 284.)

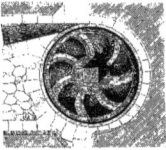

Fig. 10. PLAN. (Page 262.)

Fig. 12. (Page 283.)

TURBINE D'ANDER.

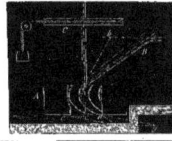

Fig. 1. TURBINE A GODETS (Page 272.)

Fig. 2. TURBINE A CLAPETS HORIZONTALE. (Page 275.)

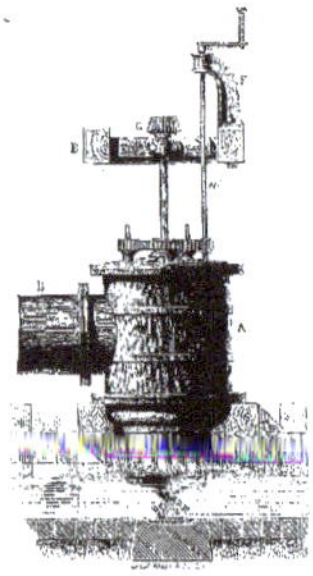

Fig. 3. TURBINE ÉLÉMENTAIRE. (Page 267.)

Fig. 5. TURBINE PERFECTIONNÉE. (Page 267.)

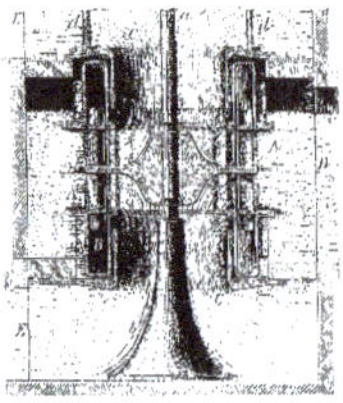

Fig. 6. TURBINE EN DESSOUS DITE A... GAILLARD. (Page 275.)

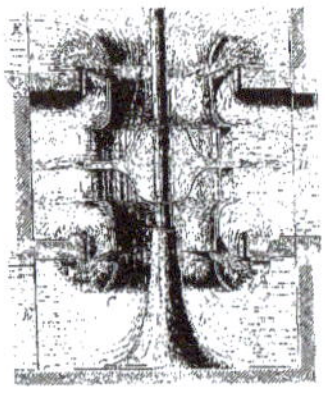

Fig. 4. TURBINE DOUBLE. Page 272.)

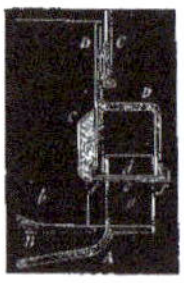

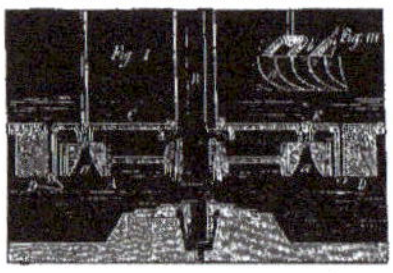

Imprimerie générale de Ch. Lahure, rue de Fleurus, 9, à Paris.　　　　Acquaroni sculp.

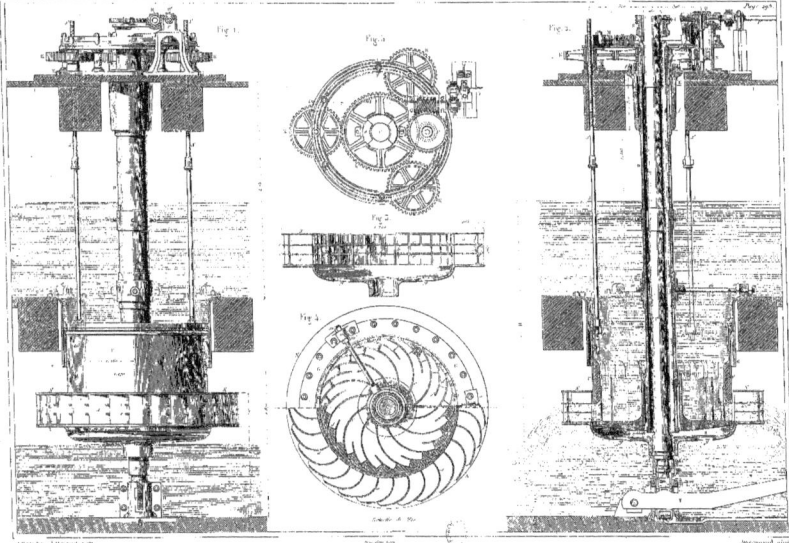

Fig. 1.　　Fig. 3.　　Fig. 2.

Fig. 5.

Fig. 4.

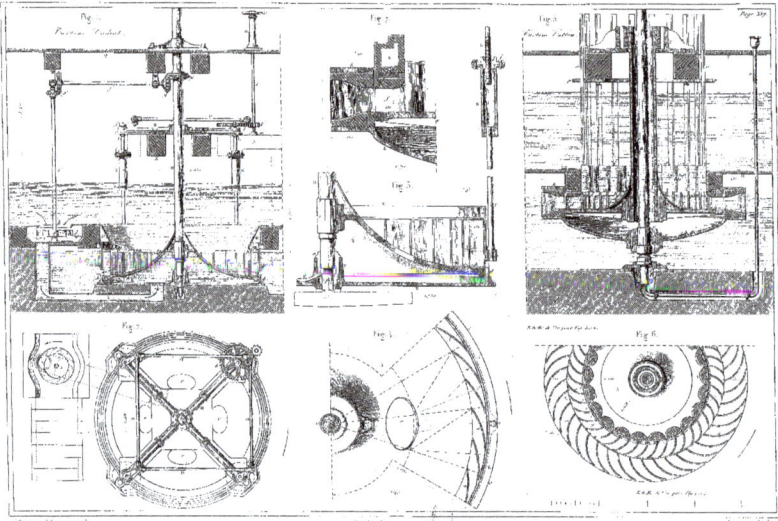

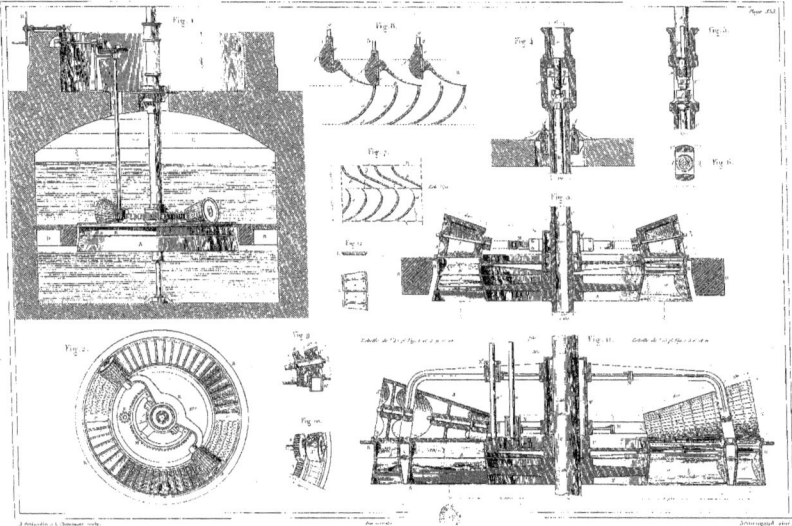

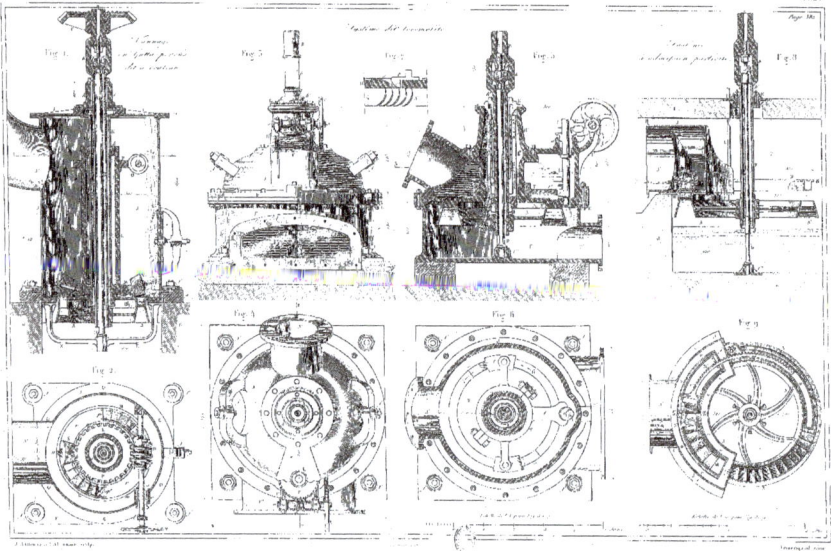

Fig. 1.

Fig. 2.

Fig. 3.

Fig. 4.

Fig. 5.

Fig. 6.

Fig. 7.

Fig. 8.

Fig. 9.

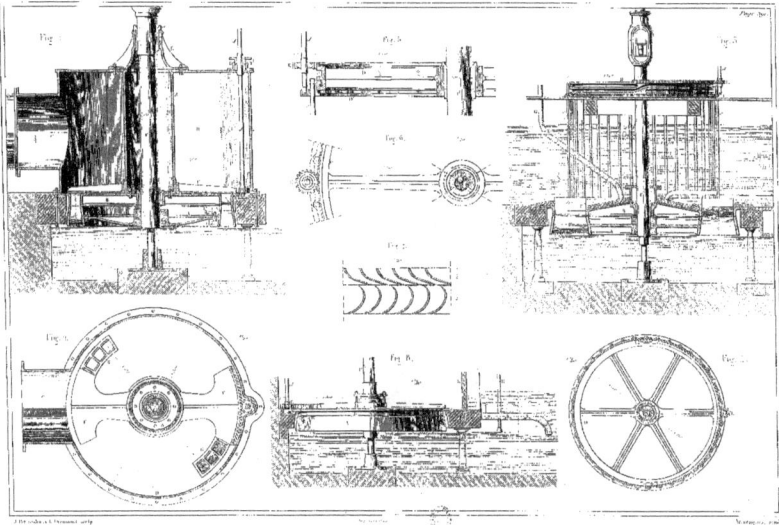

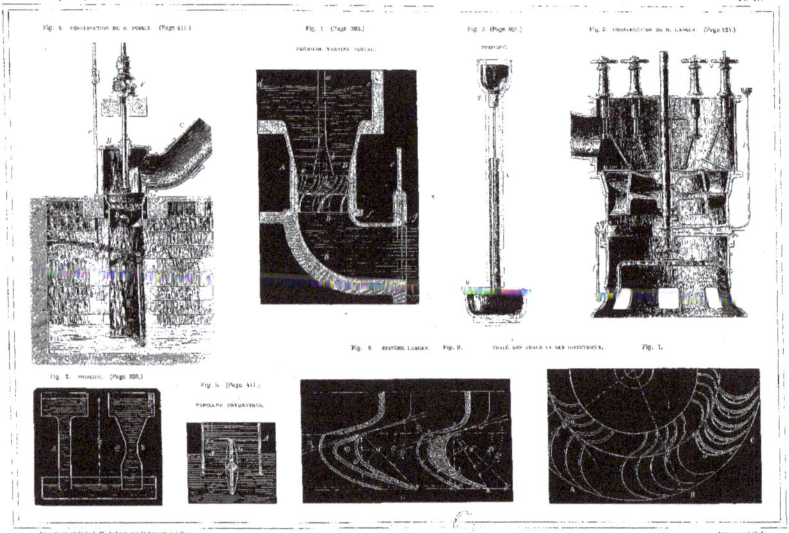

Imprimerie générale de Ch. Lahure, rue de Fleurus, 9, à Paris. Armengaud aîné.

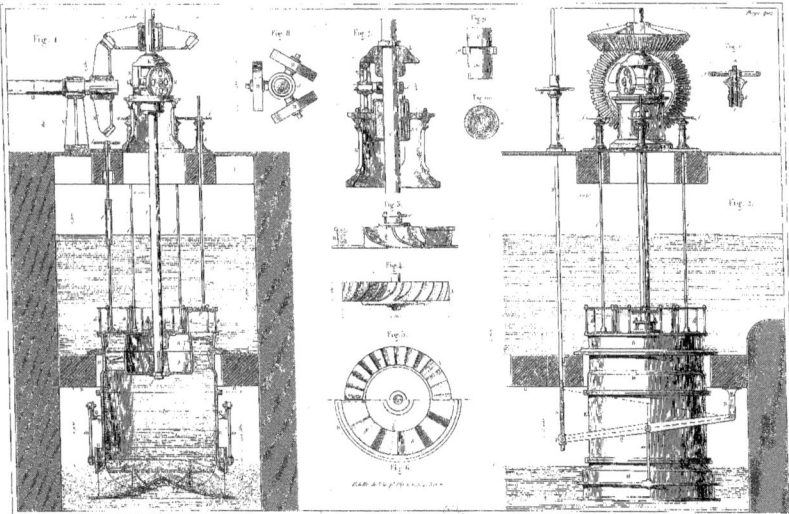

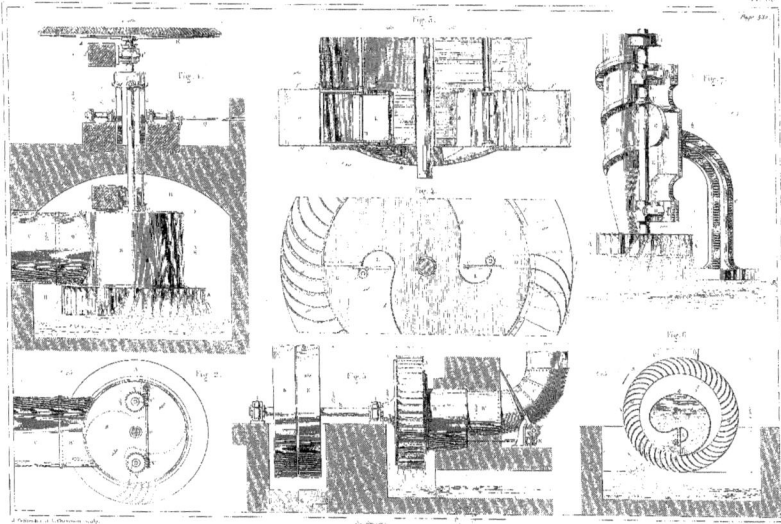

Fig. 1.　　Fig. 3.　　Fig. 7.

Fig. 4.

Fig. 2.　　Fig. 5.　　Fig. 6.

Fig. 1. TRACÉ DES TURBINES FOURNEYRON. (Page 23.)

Fig. 2. TRACÉ DES TURBINES FONTAINE. (Page 30.)

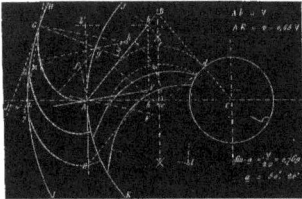

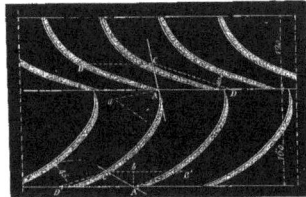

Fig. 3. TRACÉ DES TURBINES FINEUX. (Page 49.)

Fig. 4. ... Fig. 5. (Page 454.)

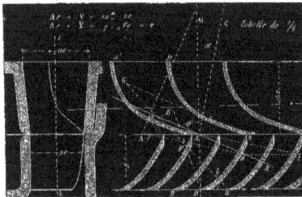

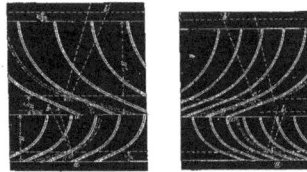

Imprimerie générale de Ch. Lahure, rue de Fleurus, 9, à Paris.

Armengaud aîné.

Fig. 3. TURBINE LORRAINE. (Page 442.)

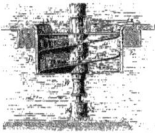

Fig. 4. TURBINE FOYER. (Page 445.)

Fig. 2. TURBINE LORRAINE. (Page 442.)

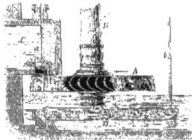

Fig. 5. (Page 455.)
SYSTÈME A HÉLICE DE DESAGEMONT.

Fig. 6. ROUES DE CÔTÉ. (Page 444.)

Fig. 1. (Page 439.)
SYSTÈME WILSON DU HAUT.

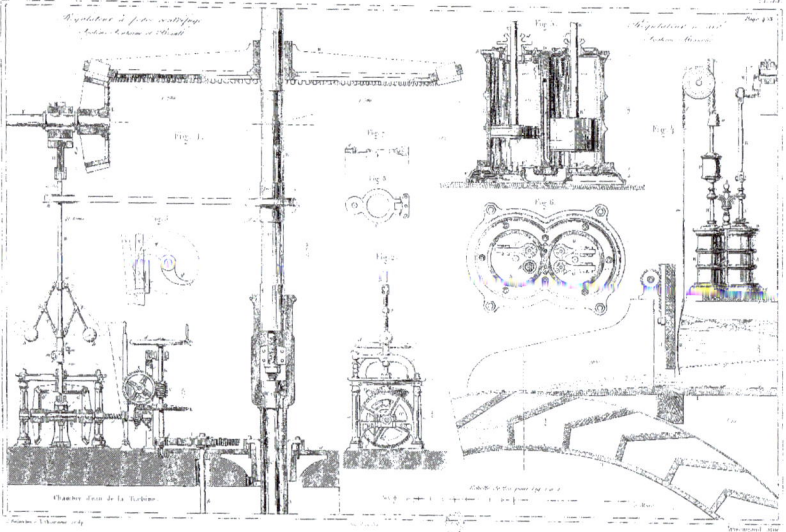

Chambre d'eau de la Turbine

Fig. 4. (Page 461.)
PIVOT SOPHORIZONTAL.

Fig. 3. (Page 461.)
DIAMÈTRE DES TOURILLONS FIXÉS AUX EFFORTS DE FLEXION.

Fig. 5. (Page 454.)
PIVOT HYDRAULIQUE.

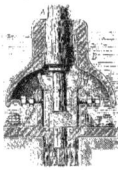

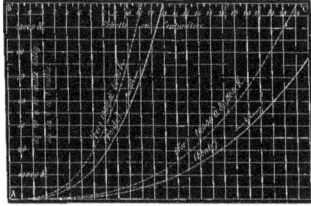

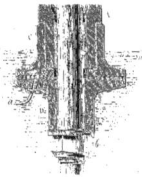

Fig. 1. (Page 452.)
PIVOT DE MM. RENARD ET FALCONET.

Fig. 2. (Page 451.)
FREIN DYNAMOMÉTRIQUE DE PRONY.

Fig. 6. (Page 462.)
RÉSISTANCE DES ARBRES
À LA TORSION.

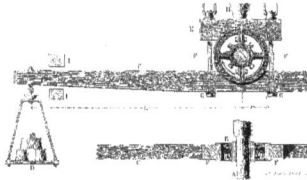

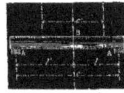

www.ingramcontent.com/pod-product-compliance
Lightning Source LLC
Chambersburg PA
CBHW060512210326
41520CB00015B/4201